SERPIENTES

De Darla Duhaime

Rourke
Educational Media

rourkeeducationalmedia.com

Enfoque de la enseñanza

Conciencia fonémica: haga que los estudiantes encuentren palabras con los mismos sonidos iniciales.

Antes de leer:

Construcción del vocabulario académico y conocimiento del trasfondo

Antes de leer un libro, es importante que prepare a su hijo o estudiante usando estrategias de prelectura. Esto les ayudará a desarrollar su vocabulario, aumentar su comprensión de lectura y hacer conexiones durante el seguimiento al plan de estudios.

1. Lea el título y mire la portada. *Haga predicciones acerca de lo que tratará este libro.*
2. Haga un «recorrido con imágenes», hablando de los dibujos/fotografías en el libro. Implante el vocabulario mientras hace el recorrido con las imágenes. Asegúrese de hablar de características del texto tales como los encabezados, el índice, el glosario, las palabras en negrita, los subtítulos, los gráficos/diagramas o el índice analítico.
3. Pida a los estudiantes que lean la primera página del texto con usted y luego haga que lean el texto restante.
4. Charla sobre la estrategia: úsela para ayudar a los estudiantes mientras leen.
   - Prepara tu boca
   - Mira la foto
   - Piensa: ¿tiene sentido?
   - Piensa: ¿se ve bien?
   - Piensa: ¿suena bien?
   - Desmenúzalo buscando una parte que conozcas
5. Léalo de nuevo.

Área de contenido Vocabulario

Utilice palabras del glosario en una frase.

esqueleto
hacer una madriguera
mudar
órganos internos

Después de leer:

Actividad de comprensión y extensión

Después de leer el libro, trabaje en las siguientes preguntas con su hijo o estudiantes para comprobar su nivel de comprensión de lectura y dominio del contenido.

1. *¿Cuáles son las tres cosas que todos los reptiles tienen en común?* (Resuma).
2. *¿Tener esqueleto te convierte en reptil?* (Haga preguntas).
3. *Nombra dos cosas que te hagan diferente de los reptiles.* (Texto para conectar con uno mismo).
4. *¿Por qué a los animales de sangre fría les gustan los sitios cálidos?* (Haga preguntas).

Actividad de extensión

Con el permiso de un adulto, visita http://primeraescuela.com/rompecabezas-en-linea/serpiente.htm y completa el rompecabezas en línea. ¿Qué tan rápido lo armaste?

3 1223 12714 4328

Índice

Las serpientes son reptiles

Los reptiles son de sangre fría. El cuerpo de un reptil no puede crear su propia calidez.

Las serpientes son reptiles. ¿Son de sangre fría?

7

Cuando hace frío afuera, las serpientes sienten frío.

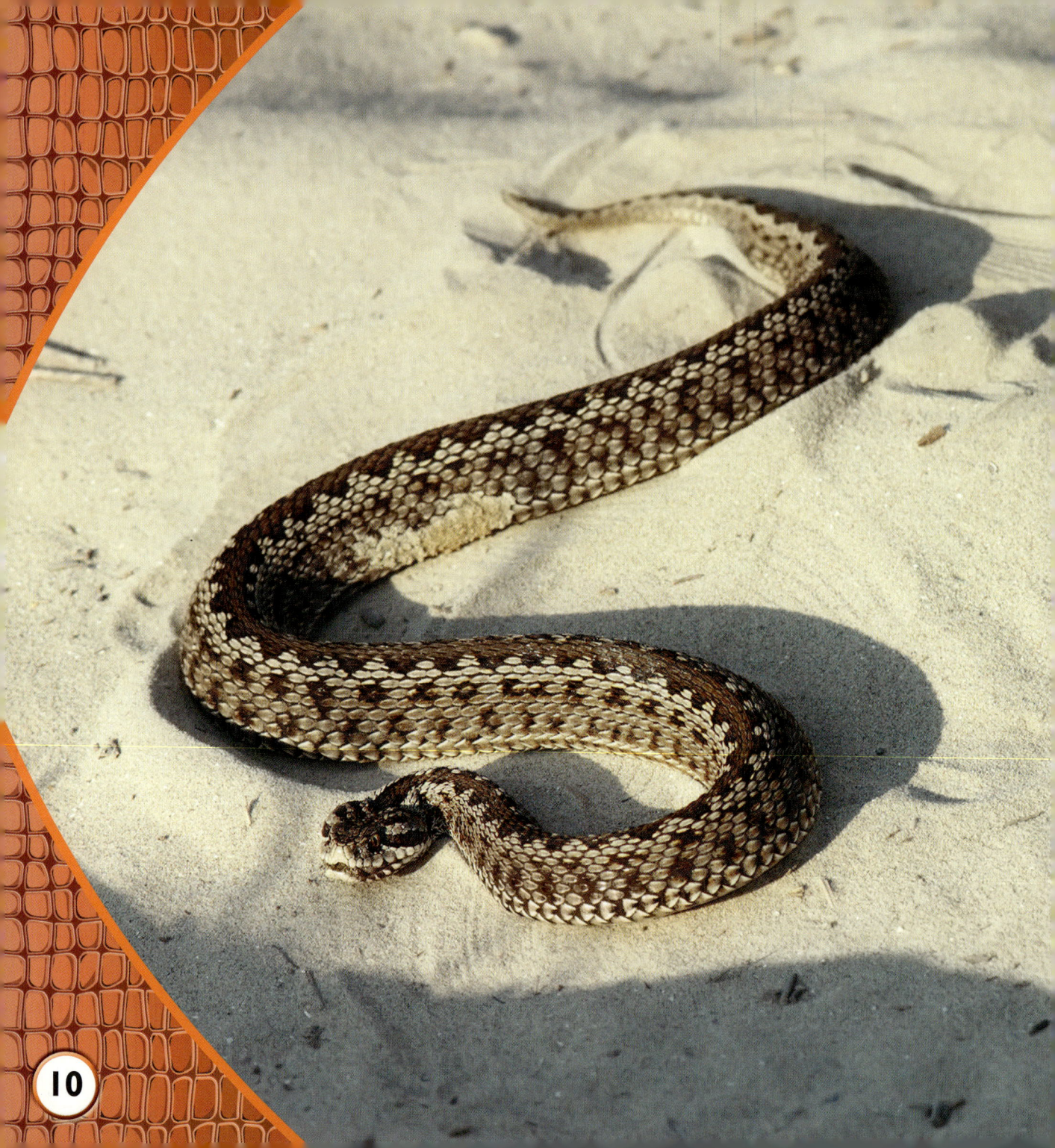

A las serpientes no les gusta el frío. Les gustan los sitios cálidos.

Hacen una madriguera debajo de la tierra para que sus cuerpos estén calientes. ¡A veces entran a una casa caliente!

La piel de las serpientes

Los reptiles tienen la piel seca y escamosa. ¿Qué tipo de piel tiene una serpiente?

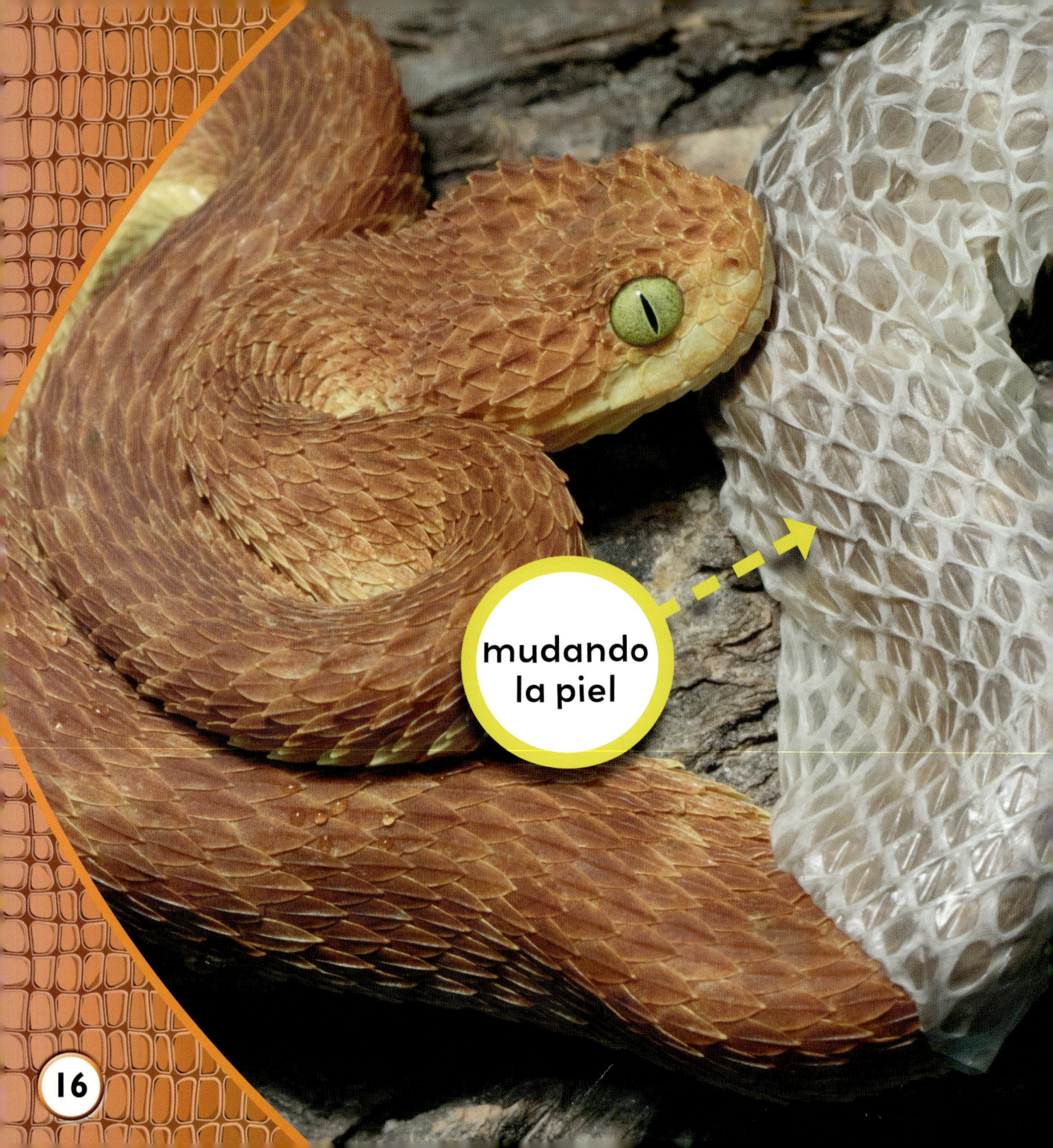

mudando
la piel

La piel de una serpiente no crece con su cuerpo. Las serpientes **mudan de piel** mientras crecen.

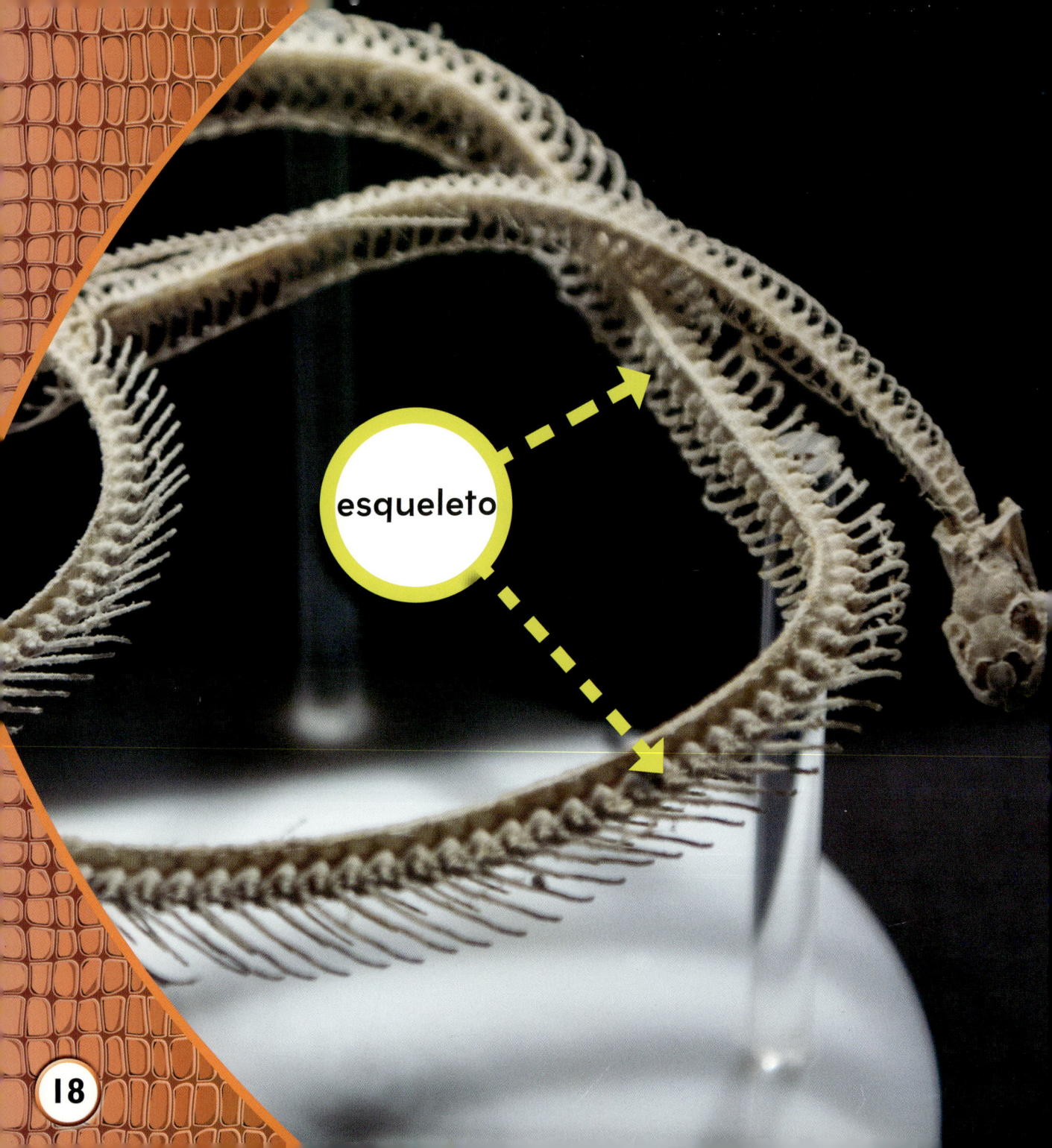

esqueleto

Los reptiles tienen un **esqueleto** hecho de huesos. ¿Las serpientes tienen huesos?

Los huesos y los músculos de una serpiente protegen sus **órganos internos.**

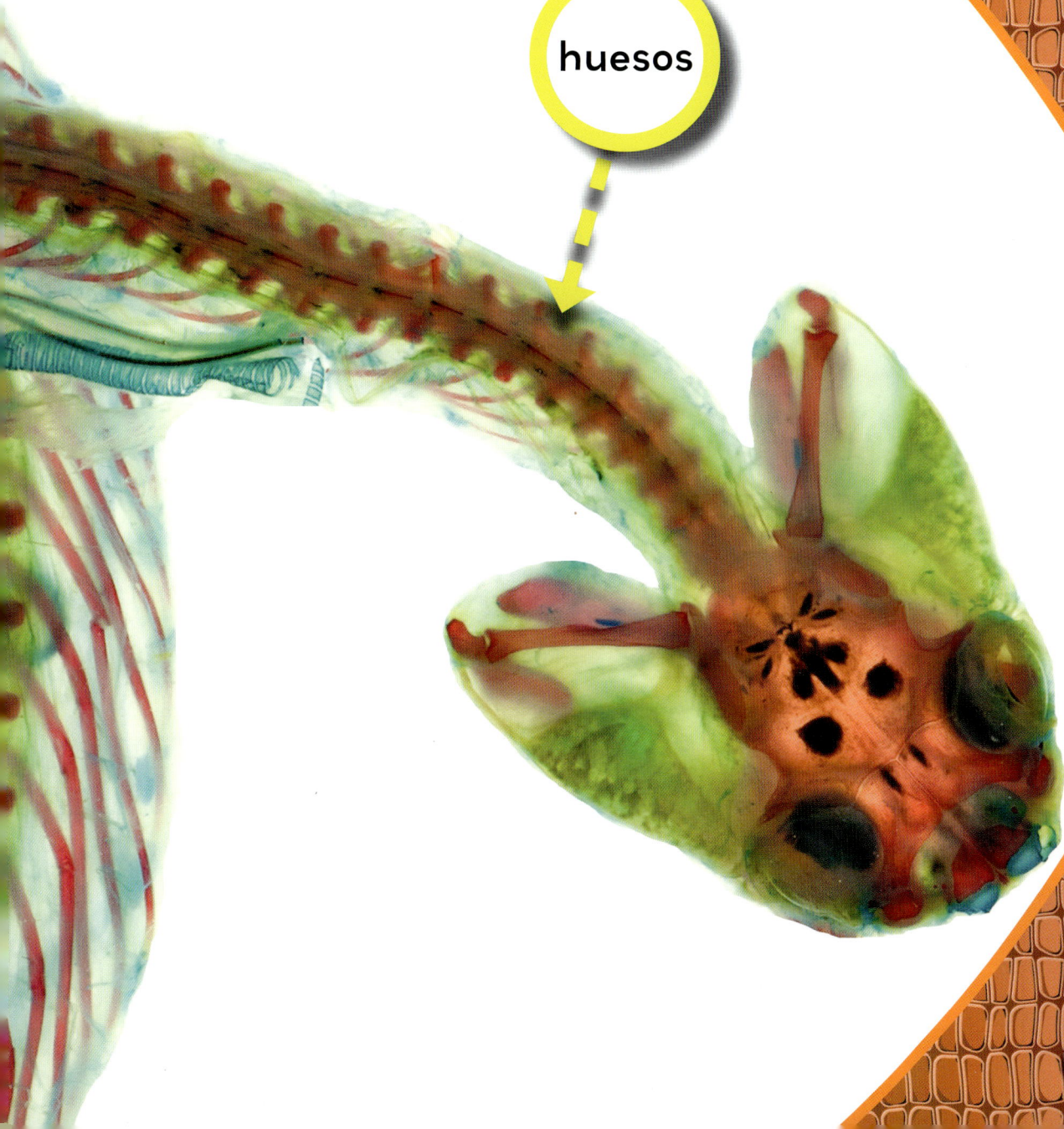

huesos

Tú tienes huesos y músculos.
¿ERES un reptil?

Glosario fotográfico

esqueleto: la estructura de huesos que soporta y protege el cuerpo de un animal.

hacer una madriguera: cavar un hueco o túnel debajo de la tierra para vivir en él.

mudar: dejar algo que se tenía, y tomar en su lugar otra cosa.

órganos internos: partes del cuerpo, como el corazón y los pulmones, que están dentro del cuerpo.

Índice analítico

Sitios web (páginas en inglés)

www.kidzone.ws/lw/snakes/facts.htm
http://easyscienceforkids.com/all-about-snakes
http://kids.nationalgeographic.com/explore/nature/super-snakes

Sobre la autora

A Darla Duhaime le fascinan todas las cosas geniales que pueden hacer los animales y la gente. Cuando no está escribiendo libros para niños, le gusta comer alimentos extraños, soñar despierta y observar las nubes. Le gusta mantenerse activa y es conocida por hacer que las reuniones familiares sean interesantes.

¡Conoce a la autora!
(Página en inglés).
www.meetREMauthors.com

www.rourkeeducationalmedia.com

PHOTO CREDITS: Cover © Audret Snider-Bell-shutterstock; title page © Tom Reichner; page 5 © Byronsdad; page 7, 12, 16 © Mark Kostich; page 8 © rhankaro; page 10 © tariphoto; page 14 © Praisaeng; page 17 © Jose Angel Astor Rocha; Page 21 © Pedro Bernado; page 22 © Hughstoneian

Editado por: Keli Sipperley
Diseño de la tapa: Nicola Stratford - www.nicolastratford.com
Diseño de los interiores: Jen Thomas
Traducción: Santiago Ochoa
Edición en español: Base Tres

Library of Congress PCN Data

Serpientes / Darla Duhaime
(Reptiles)
ISBN (hard cover - spanish) 978-1-64156-323-9
ISBN (soft cover - spanish) 978-1-64156-011-5
ISBN (e-Book - spanish) 978-1-64156-091-7
ISBN (hard cover)(alk. paper) 978-1-68342-156-6
ISBN (soft cover) 978-1-68342-198-6
ISBN (e-Book) 978-1-68342-226-6
Library of Congress Control Number: 2016956535

Rourke Educational Media
Printed in the United States of America, North Mankato, Minnesota